헤디 라마, 가장 경이로운 배우

Wi-Fi로 세상을 이어주다

La plus belle femme du monde -The Incredible life of Hedy Lamarr

by William Roy & Sylvain Dorange á 2018 la Boîte à Bulles - All rights reserved.

Korean translation Copyright © 2018 Book's Hill
Arranged through Icarias Agency, Seoul

이 책의 한국어판 저작권은 Icarias Agency를 통해 la Boîte à Bulles과
독점 계약한 도서출판 북스힐에 있습니다.
저작권법에 의하여 한국 내에서 보호를 받는 저작물이므로
무단전재와 복제를 금합니다.

월리엄 로이 지음 | 실뱅 도랑주 그림
하정희 옮김

헤디 라마,
가장
경이로운
배우

Wi-Fi로 세상을 이어주다

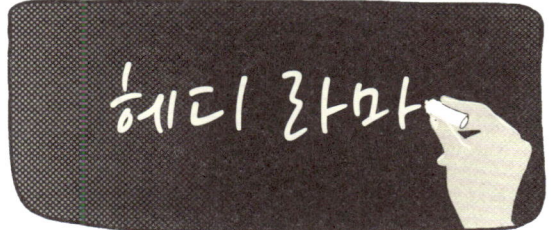

♪ 세상에서 가장 아름다운 여인? ♪

MISS FRANCIS   MR. LEWIS   MISS KILGALLEN   MR. CERF

Helene Curtis

헤디 라마입니다!!!

브라보!   짝짝짝!   브라보!   짝짝짝!   짝짝짝!
브라보!   짝짝짝!   짝짝짝!   브라보!   짝짝짝!
브라보!   짝짝짝!
브라보!   짝짝짝!

WHAT'S MY LINE?

Helene Curtis
WHAT'S MY LINE?

짝짝짝!   브라보!
브라보!   짝짝짝!
짝짝짝!

아가씨들이 가정교사 없이 거리를 활보하고 있어요.
운동도 하고, 애인이랑 데이트도 하고, 다양한 사회생활을 즐기죠.

이 신세대는 스스로에게 집중하고 우리 세대보다 훨씬 자신만만해요.

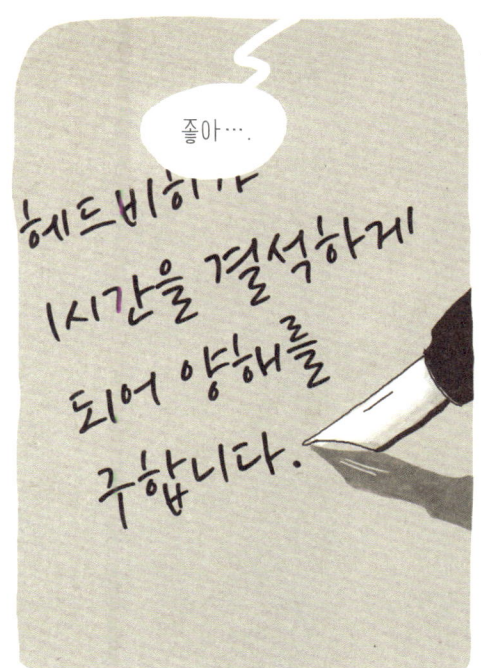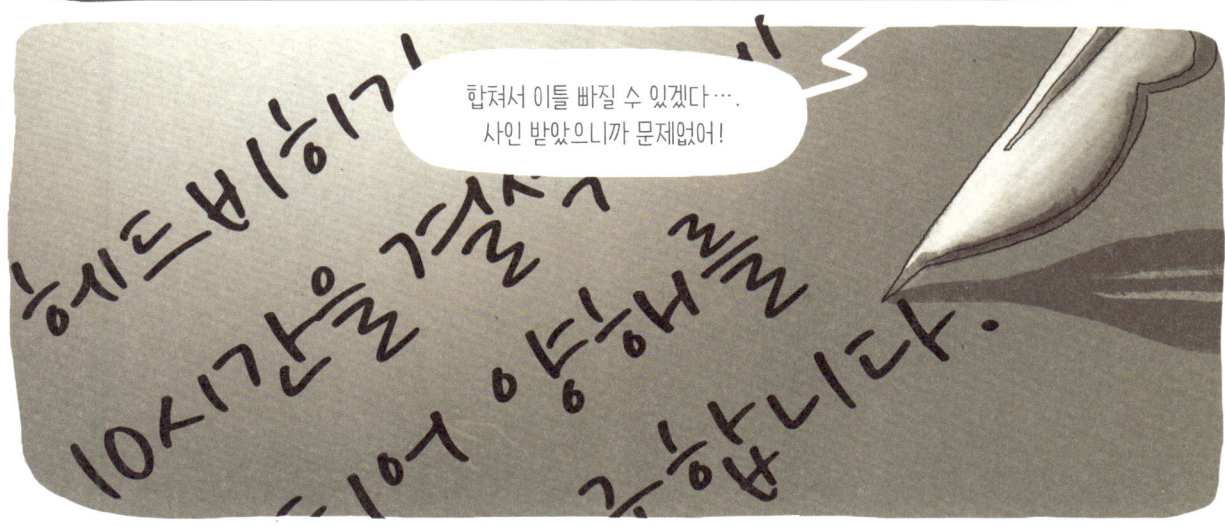

Dienstag, 31. Jan 1933
Nr. 25 — 71. Jahrgang

Wiener Sonn- und Montags-Zeitung

"지금까지의 독일 정치인들 중에서
우리는 가장 어려운 임무를 수행하게 될 것이다."

아돌프 히틀러, 독일의 새 수상

십여 년 전부터 기세가 꺾였다고 봤던 세간의 통념을 깨고 아돌프 히틀러가 독일 역사상 전례 없이 빠른 속도로 복권했다. 지난 11월 총선에서 사람들은 그가 패배했다고 생각했으나, 보수파의 지지와 알프레드 후겐베르크가 이끄는 국민당의 개입으로 히틀러는 1월 30일 월요일 정오에 바이마르 공화국의 수상이 됐다. 그 뒤로 여러 소문이 돌고 있다. 새 독일 정부는 무슨 생각을 가지고 있는가? 히틀러는 과도기의 지도자이고 국가사회주의 노동당은 독일의 정치 역사에서 잠시 스쳐 지나가는 존재일 뿐일까? 사정이야 어쨌든 독일의 새 수상은 강력하고 상징적인 뜻을 표방하는 것으로써 자신의 임기를 시작했다. 즉, 이 날 밤 히틀러가 지켜보는 앞에서 수천 명의 나치 돌격대원들이 운터 덴 린덴 거리를 행진한 것이다. 이것은 그가 베를린을 장악했고 십중팔구 자신의 적대자들에 대한 제거 작업을 시작했음을 의미한다. 독일이 어둠 속으로 뛰어드는 것은 아닌지 우리는 예의 주시할 필요가 있다.

다음 수순은 오스트리아의 병합인가?

이것은 심각히 고려해봐야 할 가설이다. 이 계획은 히틀러가 란츠베르크의 형무소에서 9개월간 수감돼 있을 때 쓰기 시작한 선언서 《나의 투쟁》 서두에서 이미 언급되고 있다.

(뒷면에 계속)

헤드비히 키슬러와 프리츠 만들의 결혼
1933년 8월 10일

엄마, 나 결심했어.
더 이상 이렇게 못 살아.

내가 원하는 걸 자유롭게
선택하면서 독립적으로
살기를 바랐던 아빠를
생각해서라도….

모든 게 너무 힘들어. 결혼 생활도, 아빠의
죽음도… 파국으로 치닫고 있는 이 나라도.

프리츠가 순순히
이혼해줄 것 같니?

거실로 자리를 옮기지요.

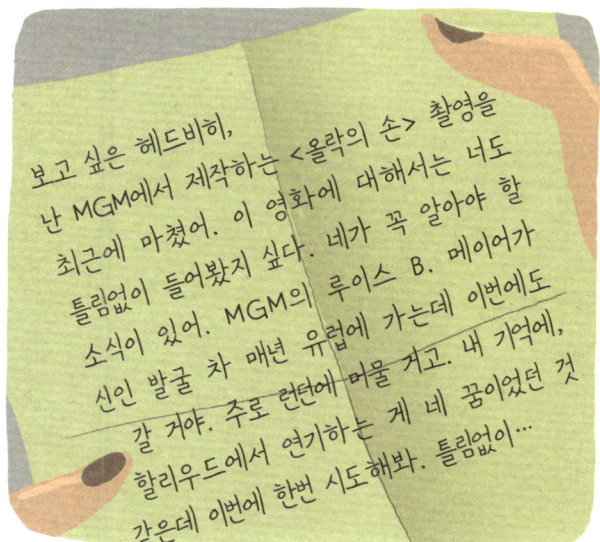

사랑하는 엄마,
난 지금 런던에 있어. 만들이 파리까지 나를 뒤쫓아 왔다가 놓쳤다는 소식을 들었어.
그 사람이 엄마를 귀찮게 하지 말아야 할 텐데. 이제 이혼 절차를 밟기 시작했어.

LONDRES septembre 1937
1937년 9월, 런던

이번에 할리우드, 뉴욕, 런던에서 활동하고 있는 에이전트들을 만났어. 밥 리치와 애들라인 슐베르크인데, 실력도 좋고, 사람도 좋아.

슐베르크는 MGM 사장인 루이스 B. 메이어와 친분이 있어서, 메이어를 통해 유대인 예술가들을 유럽에서 도망칠 수 있게 도와주고 있어.

역설적이게도, 메이어는 나한테 설교를 늘어놓는 내내 끈적이는 시선으로 내 몸을 훑었어.

그건 할리우드의 분위기일까, 미국적 사고방식일까?

승선권은 가져온 보석을 팔아서 샀고,

집에서 들고 나온 추억 어린 물건들은 다 두고 떠나.

그중에 아빠랑 같이 쓴 기록장이 있어.

엄마가 그걸 간직하고 싶을 것 같았어.

엄마, 유럽은 지금 너무 위험해. 더는 엄마를 거기에 둘 수 없어. 조금만 기다려줘. 내가 미국으로 꼭 데려올게.

할리우드의 매력 기준이 헤디 라마로 바뀌다!

우리의 시선이 이 검은 머리 미녀에게 향하는 순간, 그녀가 연기를 잘하는가는 더 이상 중요하지 않다!
— 뉴욕 월드 트리뷴

볼수록 경이롭다!
— 할리우드 매거진

헤디 라마 모자를 써보세요

헤디 라마 스타일 "짙은 흑발" 염색 가능

조앤 베넷 & 조앤 크로퍼드: 까맣게 염색!

헤디 라마, 고마워!

"RC가 제일 맛있어요!"
할리우드의 스타, 헤디 라마

콜라 맛 검사를 통해서 증명된 최고의 콜라 맛, 로얄 클라운

목이 마를 때 저는 RC를 마셔요. 가장 빨리 갈증을 해소하는 길은 콜라 맛 검사에서 최고의 맛으로 증명된 로얄 클라운 콜라를 마시는 거죠!
헤디 라마

사랑하는 엄마,
우리나라에서 벌어진 상황을 알고 너무나 무서웠어. 오스트리아는 위험해.

더는 미룰 수 없어서 엄마를 이곳으로 데려오기 위한 절차를 밟기 시작했어.

생활비는 걱정하지마. 나 이제 굉장히 인기 있는 배우야. 엄마도 알고 있지?

"아빠 집에 없어요. 〈레이디 오브 더 트로픽스 (Lady of the Tropics)〉 보러 갔어요!"

전 세계가 이 전율을 기다렸다!

엄마, 나한테 사랑하는 사람이 생겼어. 시나리오 작가이고 이름은 진 마키야.

우리는 만난 지 한 달만에 멕시코에서 결혼하기로 결정했어.

너무 빨라 보일 수도 있지만, 우리는 서로를 미친 듯이 사랑해.

나도 그게 더 좋아, 헤디⋯.
신중한 경우도 있었고 공식화한 경우도 있었지만 온 언론에서 둘 관계를 다뤘거든.

우리는 관객들한테 품위 있고 존경할 만한 모습을 보여줘야 돼!

칠 개월 된 사랑스러운 아기, 지미는 자신을 입양한 진과 헤디의 삶을 환하게 밝혀줬습니다!

탁! 탁! 탁! 탁! 탁! 탁!

Los Angeles Times
1939년 9월 2일

전쟁!
독일군이 폴란드를 침공하다

영국이 군대를 소집하다

사랑하는 헤드비히,
무사히 런던에 도착했어.
도와줘서 고맙다. 여기 상황은
혼돈 그 자체야. 전쟁으로 온
유럽이 조만간 불바다가 될 것
같구나.

이혼했다는 소식 들었어. 네가 지미의 양육권을 갖게 되기를 바란다.

우리는 끔찍하게 지겨운 한 파티에서
우연히 만나게 됐어.

아, 죄송합니다!

으으음!!

좋아!!!

저기, 사람 있어요!

이런 식의 파티, 정말 지겹지 않아요?

혹시 에롤 못 봤어요? 다 찾아봤는데 없네요.

기다려야 할 거예요. 지금 배우 지망생 두 명이랑… 뭐랄까… 오디션 보는 중이에요!

하! 하!

하워드 휴즈라고 합니다.

헤디 라마예요.

하워드는 내가 구상한 것들을 상품화하고 싶어 했어. 물에 타 먹는 가루 소다도 그중 하나야.

어느 날은 화학자들이 와서 본격적으로 실험을 해봤는데… 실패했지.

나는 하워드한테 마음이 끌렸어. 할리우드의 명사인 동시에 의욕적인 발명가였으니까. 하지만 현실은 내 마음대로 되지 않더라.

헤디, 당신한테 만 달러를 주는 대가로 당신 몸을 주물로 뜨면 안 될까요?

당신 인형을 만들어서 밤에 안고 자고 싶어서요.

그럴 거면 왜 진짜를 데리고 자지 않아요?

하하하, 당신은 나한테 너무 과분하잖아요!

FLASH D'ACTUALITES

GEORGE ANTHEIL
Le mauvais garçon de la musique!

오늘의 뉴스
조지 앤타일
음악의 악동!

조지 칼 앤타일은 1900년 뉴저지에서 태어났습니다.

이 천재적인 피아니스트는 현대 음악의 중요한 인물입니다.

그의 연주회는 청중의 항의와 음악적 논란으로 유명하죠.

그의 대표작 <기계적 발레(Ballet Mécanique)>는 더들리 머피, 페르낭 레제, 만 레이의 영화를 위해서 1924년에 작곡됐습니다.

무대 연주에서는 여러 대의 자동 피아노로 이 곡을 실연하는데, 각 피아노 안에 내장된 구멍 뚫린 종이 롤이 동시에 돌아가면서 연주를 하는 것이죠. 1927년 카네기홀 연주에서는 무대에서 비행기 엔진을 돌리는 바람에 청중의 모자가 날려서 큰 소동이 벌어지기도 했습니다.

앤타일은 아내와 두 자녀를 부양하기 위해 할리우드에서 영화 음악도 작곡합니다.

한편으로 내분비학과 분비선 연구에도 조예가 깊어서 이 주제로 책 한 권과 논문 여러 편을 발표했습니다.

이 분야의 지식 덕분에 그는 친구들의 특별한 저녁 식사 자리에 초대를 받게 되는데, 그 자리에는 대 스타 헤디 라마가 있었죠.

조지 앤타일 귀하

TOUT DE SUITE :
곧이어 계속됩니다.

La suite

미국이 전쟁에 참여할 거라고 생각하세요?

그럴 수밖에 없지 않을까요.

엄마를 유럽에서 모셔오고 싶어요. 엄마가 너무 걱정돼요.

대서양을 횡단하는 건 위험해졌어요.

피난민들이 탄 배가 독일 어뢰에 맞아서 침몰되는 사고가 점점 늘고 있거든요.

할리우드를 떠나서 정부를 돕는 걸 진지하게 생각해보고 있어요.

정부를 돕는다고요?

당신은 구름 속에서 걸어 나왔어.

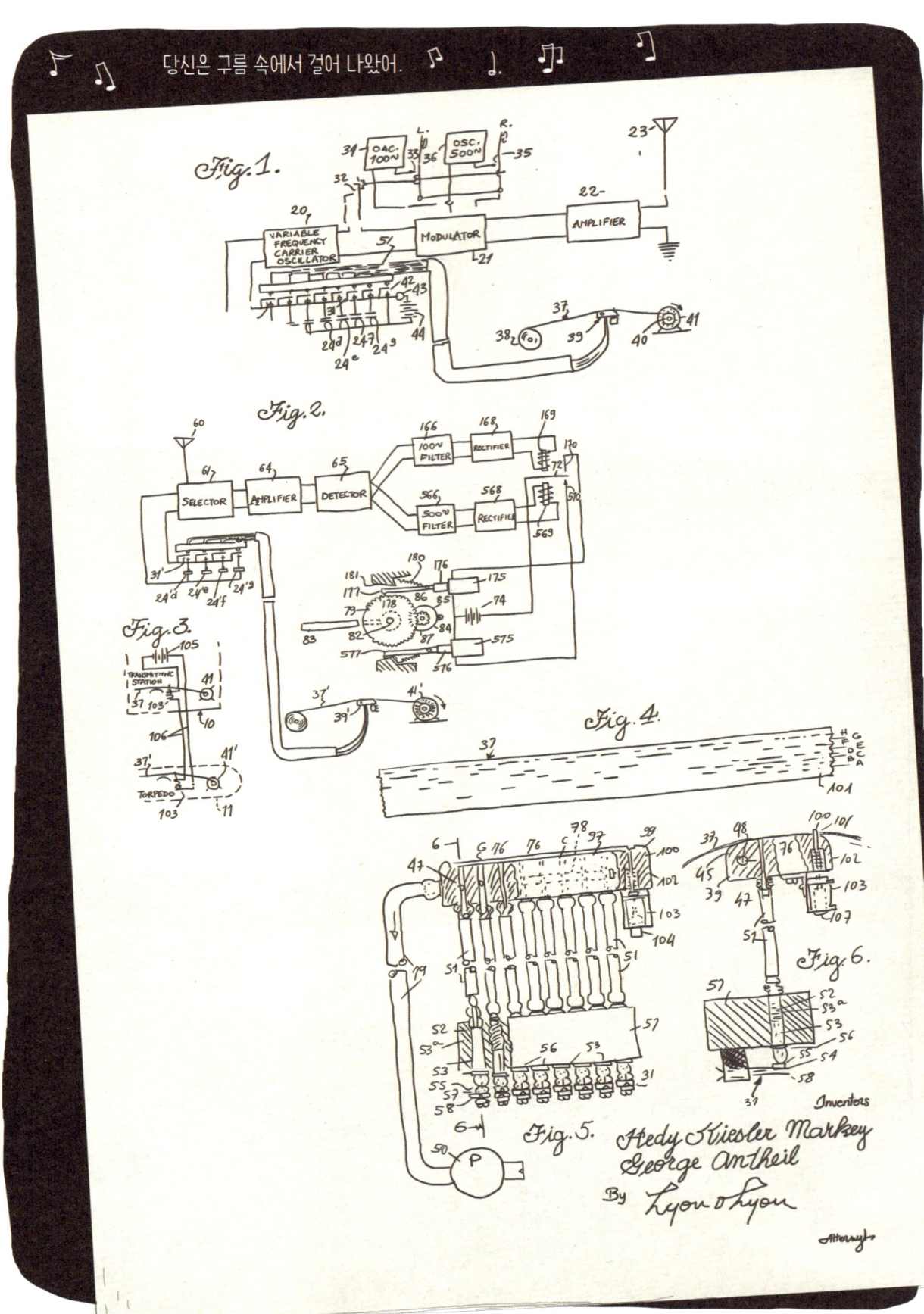

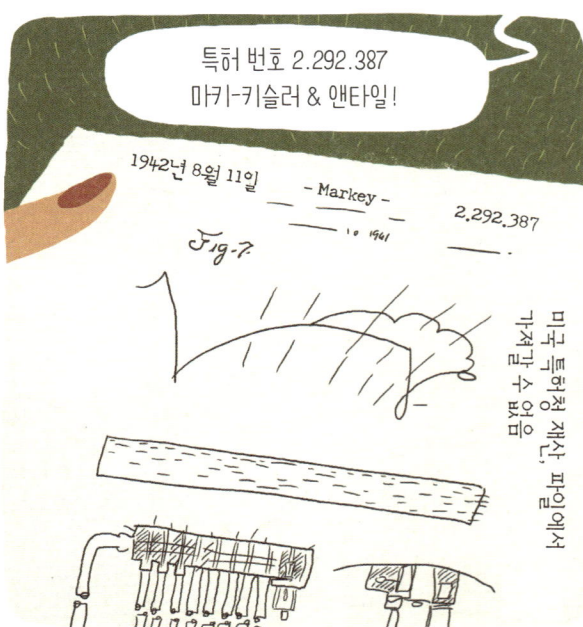

신기록!
헤디 라마가 전쟁채권 약 2천5백만 달러를 판매하다!

전쟁채권 순회공연에는 빙 크로스비, 밥 호프, 진 티어니, 제임스 캐그니, 찰스 로튼, 코미디언 콤비 애벗과 코스텔로를 포함해서 당대의 가장 유명한 스타들이 참여했다. 하지만 이번 모금 운동에서 돌풍을 일으킨 주인공은 단연 헤디 라마였다!

그녀가 방문하는 도시마다 군중이 20,000명 이상 밀집하는 바람에 경찰이 추가 병력을 동원할 정도였다. 여자들은 실신했고, 수백 개가 넘는 카메라 플래시가 터졌다. 모두가 그녀를 찍고 싶어 했다. 헤디 라마가 군용 지프를 타고 이동할 때마다 버스에서 승객들이 일어서고 차들은 경적을 울렸으며 수많은 젊은이들이 자전거로 수송대 뒤를 쫓았다!

"저는 승리를 돕기 위해서 이 자리에 왔습니다. 제가 보기에 여러분은 헤디 라마의 실물을 보려고 이 자리에 오신 것 같습니다. 하지만 우리는 같은 이유로 이 자리에 있어야 합니다. 헤디 라마의 실물을 보는 것이 히로히토와 히틀러가 무엇을 준비하고 있는지를 아는 것보다 중요할 수 없습니다.
여러분이 주머니에서 지갑을 꺼낼 때마다 이 두 악당에게 우리가 팔을 걷고 나섰음을 보여주는 것입니다!
전쟁이 신속히 끝날 수 있도록 노력합시다! 주변 사람들이 어떻게 하는지는 신경 쓰지 마세요. 전쟁을 이길 수 있도록 자금을 지원해 주십시오!"
헤디 라마의 이 연설은 순회공연 쇼를 보기 위해 모인 필라델피아 주민들을 깊이 감동시켰다. (뒷면에 계속)

1943년 5월 25일

헤디 라마, 배우 존 로더와 결혼

그녀의 세 번째 결혼!

〈헤븐리 바디〉는 헤디 라마가 출연하는 장면들까지 죽도록 지루하게 만드는 위업을 달성해낸 특별한 영화다!

1945년 5월 29일:
드니즈 헤드비히 로더 탄생.
"베티 데이비스가 대모가 될 거예요!"

1947년 5월 2일:
앤서니 존 로더 탄생.

1947년 7월 17일

헤디와 존 이혼!

"할리우드의 미녀가 이혼을 알리면 늑대들이 떼를 지어 달려들어요! 신선한 고기니까! 그들은 언제나 배가 고프죠."

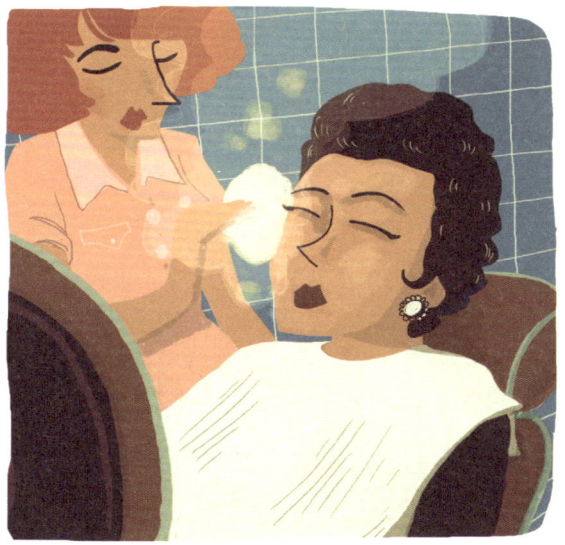

#

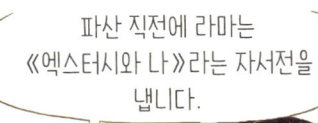

나는 여러 사람들과 위험한 연애를 했다. 숨길 수밖에 없는 연애들이었고 아주 짜릿했다.

남녀의 차이에 대한 M. 드 밀의 이론은, 여자에게 있어서 결혼은 부자연스러운 상태라는 것이다.

존은 나와의 결혼을 아주 자랑스러워했는데, 그 사람이 우리의 결혼생활에 대해 여기저기 떠벌렸다고 해도 놀라울 것이 없다.

할리우드에서 여성으로서 배역을 얻어 성공에까지 이르는 것은 매우 험난했다.

여기 잔뜩 적어놓은 것들이 다 발명과 관련된 생각들이네.

이런 얘기는 한 번도 한 적 없잖아.

그냥 뭐, 취미였어. 일종의 비밀의 정원 같은 거지.

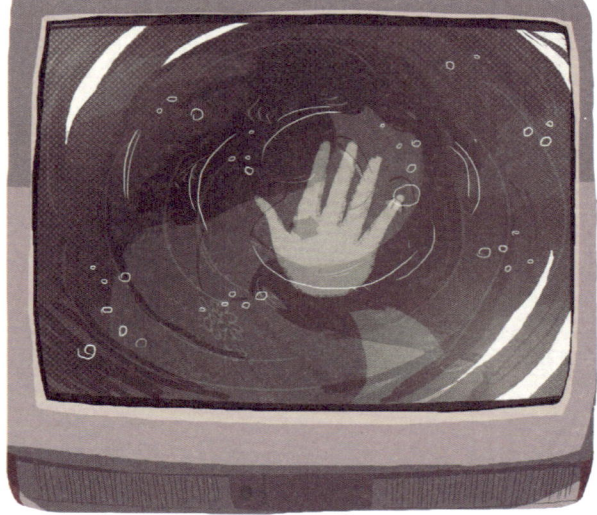

여기가 딱 좋네.

1969년 TV 인터뷰

감사의 글

이 책을 준비한 오 년 동안 가까이에서 나를 지지해준 모든 분들에게 감사를 전한다.

나를 격려하고 관련 자료를 제공해준 분들, 특히 알렉상드르 세네키에, 장-미셸 페트, 매튜 랜시트를 빼놓을 수 없다.

또 영화 자료를 찾는 데 도움을 준 시네마테크 프랑세즈와 프레데릭 방자켕에게 감사를 전한다.

마지막으로, 항상 곁에 있어준 알랭 구아솅에게도 감사를 전한다.

윌리엄 로이

참고 도서와 영화

다음은 이 책을 준비하는 데 특별히 중요했던 자료들이다.

    Hedy Lamarr, *Ecstasy and Me, My Life as a Woman*, Fawcett Crest Book.

    Stephen Michael Shearer, *Beautiful, the Life of Hedy Lamarr*, Thomas Dunne Books.

    Georg Misch의 기록 영화, *Calling Heddy Lamarr*, Mischief Films.

    Donatello & Fosco Dubini의 기록 영화, *Hedy Lamarr, Secrets of Hollywood Star*, 3Sat, Dubini FilmProduktion, MI Films.

그밖에 과거와 현재의 많은 신문 기사와, 헤디 라마가 출연한 영화들을 참고했다.

지은이 | 윌리엄 로이

독학으로 창작을 공부한 열정적인 작가이며, 편집자와 다큐멘터리 감독으로 일했다.
자신의 경험이 바탕이 된 첫 그래픽 노블 《인공수정 아빠(La Boîte à Bulles)》를 2014년에 발표했다.
뒤이어 작업한 《헤디 라마》는 그가 오래 전부터 구상해온 작품이다. 현재 파리에 거주하고 있다.

그린이 | 실뱅 도랑주

1977년에 태어났으며, 스트라스부르 국립장식미술학교에서 클로드 라푸엥트 교수의
지도 아래 독창적이고 시적인 자신만의 그래픽 스타일을 개발했다. 전문 그래픽 노블 작가로
활동을 시작한 뒤 로베르 게디기앙 감독의 독립영화들을 각색한 그래픽 노블을 발표했고
이어서 각본가 프랑크 비알과 함께 《시간을 배회하는 자(Les promeneur du Temps)》 시리즈를 냈다.
2015년에는 파피용으로 널리 알려진 앙리 샤리에르의 삶을 소재로 한 그래픽 노블을 발표했는데,
이 책에는 프랑스 가수 산세베리노의 노래가 실려 있다. 작곡가, 애니메이션 감독, 정치 풍자 만화가
로도 활동하고 있다.

옮긴이 | 하정희

서강대학교와 동대학원에서 불어불문학을 전공했으며 미국 메릴랜드 주립대학교에서
영어교육(TESOL) 석사과정을 이수했다.
옮긴 책으로는 《나를 속이는 뇌, 뇌를 속이는 나》, 《인종차별의 역사》, 《노예의 역사》,
《성의 패러독스》, 《마지막 대부》, 《셜록 홈즈의 미해결 사건 파일 시리즈》 등이 있다.

헤디 라마,
가장 경이로운 배우
Wi-Fi로 세상을 이어주다

초판 인쇄 | 2019년 11월 15일
초판 발행 | 2019년 11월 20일

지은이 | 윌리엄 로이
그린이 | 실뱅 도랑주
옮긴이 | 하정희
펴낸이 | 조승식
펴낸곳 | BH balance & harmony
등록 | 1998년 7월 28일 제22-457호
주소 | 서울시 강북구 한천로 153길 17
전화 | 02-994-0071
팩스 | 02-994-0073
홈페이지 | www.bookshill.com
이메일 | bookshill@bookshill.com

ISBN 979-11-5971-228-9
정가 15,000원

* BH balance & harmony 는 도서출판 북스힐의 그래픽 노블 임프린트입니다.
* 잘못된 책은 구입하신 서점에서 교환해 드립니다.